MANUEL

DE

L'AMATEUR D'HUITRES,

OU

L'ART DE LES PÊCHER,

De les parquer, de les faire verdir, de les
préserver des maladies qui peuvent les attaquer, de les conserver fraiches pendant
un assez long espace de tems, de reconnaître celles qui sont dans cet état et de les
ouvrir facilement;

SUIVI

DES QUALITÉS ALIMENTAIRES ET PROPRIÉTÉS
MÉDICALES DE CE MOLLUSQUE, AINSI QUE DE
L'ADRESSE DES PERSONNES QUI LE VENDENT

Par M. L. CLERC, F. D. M. N.

DEUXIÈME ÉDITION.

PARIS,

CHEZ L'ÉDITEUR,

LIBRAIRIE FRANÇAISE ET ÉTRANGÈRE,
Palais-Royal, Galerie de Pierre, n°. 185—186.
au coin du Passage Valois.

1828.

MANUEL

DE

L'AMATEUR D'HUITRES.

METZ. — IMP. D'E. HADAMARD.

MANUEL

DE
L'AMATEUR D'HUITRES,

OU

L'ART DE LES PÊCHER,

De les parquer, de les faire verdir, de les
préserver des maladies qui peuvent les attaquer, de les conserver fraîches pendant
un assez long espace de tems, de reconnai-
tre celles qui sont dans cet état et de les
ouvrir facilement ;

SUIVI

DES QUALITÉS ALIMENTAIRES ET PROPRIÉTÉS
MÉDICALES DE CE MOLLUSQUE, AINSI QUE DE
L'ADRESSE DES PERSONNES QUI LE VENDENT.

Par M. L. CLERC, F. D. M. N.

Ha ! dans combien de déjeuners les huitres
n'ont-elles pas fourni l'esprit d'un couplet,
le sel d'un bon mot et le trait d'un madrigal !

PARIS,
CHEZ L'ÉDITEUR,
LIBRAIRIE FRANÇAISE ET ÉTRANGÈRE,
Palais-Royal, Galerie de Pierre, n°. 185 et 186,
au coin du Passage Valois.

1828.

AVANT-PROPOS.

Parmi les phénomènes que la nature, si féconde en merveilles, offre de toute part à nos yeux, l'huître est sans contredit un des plus capables de piquer notre curiosité et d'exciter notre étonnement : attachée au rocher qui l'a vue naître, emprisonnée entre deux valves bien dures, privée en apparence des sens, de la vue, de l'ouïe et de l'odorat, elle semble ne jouir que d'une vie végétative et n'offrir au premier coup-d'œil qu'un bien faible intérêt ; mais, en la consi-

dérant de plus près et sans préven-
tion ; elle se présente aux yeux de
l'observateur sous les divers points
de vue de l'histoire naturelle , de
l'hygiène , de la médecine et du
commerce.

Pour mettre un peu d'ordre
dans ce que j'ai à dire sur l'huître,
je divise cet ouvrage en six parties ; dans la première , je tracerai
l'histoire naturelle de ce mollusque ; j'indiquerai les meilleures
espèces connues et les ennemis
qui l'attaquent ; je dirai ensuite
comment on l'arrache de sa première demeure pour l'apporter
dans des parcs où sa chair
doit acquérir de nouvelles qua-

a valu auprès des gourmands de tous les siècles une réputation qui ne s'est pas démentie : je ferai connaître ensuite ses maladies et les moyens de l'en préserver, la manière de les conserver fraîches pendant un assez long espace de tems ; de reconnaître celles qui sont dans cet agréable état, de les ouvrir aisément, enfin leur analyse chimique. Dans la deuxième partie, je parlerai de ses qualités alimentaires ; dans la troisième, de la qualité et de la couleur des vins que l'on doit boire en la mangeant ; dans la quatrième, je ferai connaître ses propriétés médicales et dans quel cas elle

peut être utile ; dans la cinquième,
les usages de ses coquilles, et enfin dans la sixième, je traiterai de
son commerce.

MANUEL

DE

L'AMATEUR D'HUITRES.

PREMIÈRE PARTIE.

Histoire naturelle de l'Huître.

L'HUÎTRE (*ostrea*), genre de coquille de la classe des bivalves, ayant l'une des valves plate, et l'autre plus ou moins convexe, irrégulière, adhérente, feuilletée, à charnière sans dents, avec une fossette oblongue, sillonnée en travers, donnant attache au ligament de l'animal et ne présentant qu'une seule impression musculaire dans chaque valve.

En examinant l'huître après l'avoir
divisée , on remarque un manteau
divisé en deux lobes qui tapissent la plus
grande partie des valves , et dont les
bords sont cillés, ensuite quatre feuillets
membraneux traversés de stries , qui
sont autant de tuyaux capillaires ou-
verts à leurs extrémités postérieures. Ces
feuillets, ou branchies, étendus irré-
gulièrement sur les côtés de son corps,
font les fonctions de poumons , et sé-
parent de l'eau l'air nécessaire à l'en-
tretien de la vie de l'ánimal.

La bouche est une sorte de trompe ,
ou une fente assez large, bordée de
quatre lèvres assez semblables aux
ouïes , mais six ou huit fois plus courts.
Derrière les branchies , on trouve une
grosse partie charnue , blanchâtre et
cylindrique, qui tourne sur un muscle
abducteur central et renferme l'estomac
et les intestins. Cette partie est sem-

blable au pied des autres testacés, mais
elle n'est pas susceptible de dilatation
ni de contraction : le canal intestinal
se trouve placé sur le dos du muscle.

Les huîtres ont des vaisseaux cir-
culatoires à la base desquels on voit
des cavités musculaires creuses qui font
l'office de cœur, qui chassent l'humeur
qu'elle contient sur des membranes où
elles se mettent en contact avec l'eau
ou avec l'air.

L'enveloppe coquillière ou protec-
trice de l'huître est formée d'un mélange intime de deux matières, dont l'une
est entièrement animale, et l'autre pu-
rement calcaire. Cette matière animale,
qui fait partie d'une coquille fraîche, se
trouve mêlée avec les mollécules cré-
tacés qui constituent la partie solide
de la coquille, sans que leur réunion
ne forme en aucun point ni fibres,
ni membranes, ce qui est rendu sen-

sible lorsque, par la destruction de l'animal, la coquille, passant à l'état fossile, conserve toujours l'apparence de son intégrité, et ne présente en aucun point les vides qu'auraient laissé, des fibres ou des membranes détruites; seulement elle paraît terne et blanchâtre.

Il est prouvé que c'est à la surface externe du corps de l'animal que sécrète la matière calcaire qui forme, augmente et répare les coquilles par le moyen de glandes ou de cryptes uniquement propres à cette fonction. Le fluide sécrété est visqueux, et contient des mollécules calcaires qui se rapprochent et s'agglomèrent en perdant leur humidité. Des observations et des expériences concluantes ont prouvé que l'accroissement des coquilles se fait par juxta-position, et non par intus-susception : ainsi elles n'ont de différence avec les minéraux que cette partie

cularité, que les coquilles s'accroissent
en grandeur par l'opposition successive
de particules déposées sur leurs bords,
et qu'elles augmentent en épaisseur par
l'opposition des matières déposées à leur
surface interne. Leur surface externe
n'éprouve ni changement ni augmentation ; et c'est par cette raison qu'on a
nommé leur augmentation en épaisseur,
accroissement par infra-position.

Les huîtres sont hermophrodites et
vipares, c'est-à-dire, qu'elles produisent
leurs petits d'elles-mêmes ou sans ac-
couplement. C'est au mois de mai
qu'elles se soulagent du fardeau de la
conception, elles laissent échapper un
frai, composé de particules de forme
lenticulaire ; dans chacune des particules on distingue, à l'aide d'un bon
microscope, une infinité de petites
huîtres déjà toutes formées et munies
de leurs valves, qui s'attachent aux

rochers, aux pierres et autres corps
solides dispersés dans la mer. Elles
atteignent promptement la faculté d'en
reproduire d'autres, et dès le quatrième
mois après leur naissance, elles peuvent
se multiplier de nouveau.

A cette époque, ce mollusque devient
faible et languissant : ce n'est guère que
vers le mois de septembre qu'il devient
gras et de bonne qualité.

Quelques auteurs anciens ont cru
que la lune exerçait une influence plus
ou moins grande pendant son cours
sur la plénitude de la chair des huîtres
et autres coquillages.

Sic submersa fretis, concharum et carcere clausa,
Ad lunæ mortum variant animalia corpus.

Manlius, Astr., libr. II.

« Ainsi submergés dans la mer et renfermés
» dans une prison de coquille, ces animaux
» changent de corps, quand la lune décroît. »

Et Horace note la même chose dans
sa quatrième Satire du livre II.

Lubrica nacentes implent conchylia lunæ.

« La lune croissante remplit les huîtres dans leurs coquilles. »

Mais c'est une erreur dont le tems et les lumières ont fait justice et qui ne pourrait trouver de partisans que dans la classe peu éclairée.

Quelquefois l'inondation occasionnée par les pluies abondantes et les grandes marées entraîne le frai au loin, et alors il arrive que des arbres entiers sont couverts d'huîtres : c'est peut-être cette espèce de prodige qui a fait dire à Horace.

Piscium et summa genus hœsit ulmo,
Nota quæ sedes fuerat columbis.

Ode 2, livre I.

« Le peuple des poissons s'instale au sommet de l'orme, demeure qui fut connue des colombes. »

Ce sont les circonstances locales qui

déterminent le mode de leurs positions ;
elles s'attachent aux rochers et aux
racines des arbres, quelquefois à elles-
mêmes ; et dans ce cas, elles forment des
bancs qui s'épaississent journellement,
et ont dans certains parages, plusieurs
lieues de longueur sur plus ou moins
de largeur ; ce phénomène, dit M. Bocs
(Dictonnaire d'Histoire naturelle), est
surtout remarquable sur les côtes de
l'Amérique septentrionale, où les coquilles sont amoncelées en si grande
quantité, qu'on ne peut s'empêcher de
penser qu'elles forment un jour des
bancs de pierres calcaires semblables à
ceux que l'on trouve dans l'intérieur
du continent, et qui attestent que la
mer y a autrefois séjourné. Elles se
fixent par leurs valves convexes de
manière à ne pouvoir plus changer de
place sans le secours d'un corps étranger.

La nourriture des huîtres se compose
très-probablement d'infusoires de mo-
lécules animés et même de matière
animale si abondamment répandues dans
les eaux de la mer ; car, malgré la
grandeur de leur ouverture buccale,
la mollesse des bords de cette ouverture, sa position ne permettent pas de
croire qu'elles puissent se nourrir d'a-
limens un peu résistans, et la confiance
avec laquelle nous mangeons ces animaux, fait croire que jamais leur estomac ne contient de corps durs. Aussi
admet-on généralement que l'eau de la
mer dans laquelle elles vivent continuellement, attirée et rejetée dans le
manteau, apporte à la fois la matière
de la respiration et celle de la nutri-
tion.

Quant à la durée de la vie des
huîtres, on l'ignore entièrement ; il paraît cependant que comme leur ac-

2.

croissement est assez lent, si un individu pouvait être placé dans des circonstances favorables, c'est-à-dire, n'être point étouffé par sa progéniture, il vivrait fort long-tems ; mais c'est sur quoi nous n'avons aucune donnée bien positive. Si l'on peut cependant ajouter foi à ce qu'en disent les habitans des maraiunes sur les côtes de l'Océan, il paraît qu'elles ne vivraient guère au-delà de dix ans.

Des différentes espèces d'huîtres.

Nous connaissons aujourd'hui un très-grand nombre d'espèces d'huîtres ; mais comme il serait trop long de les énumérer toutes, je me bornerai seulement aux plus communes et aux plus remarquables, qui sont les suivantes :

Huître commune (*ostrea edulis*, linn.). Cette huître a deux variétés, la première est presque ronde- ondulée et imbriquée par lames ; une de ses valves est aplatie et entière; on les trouve en Europe , en Afrique et en Asie. Ces huîtres se pêchent au large et à trois ou quatre lieues de la côte ; elles sont ordinairement réunies par bancs de plusieurs lieues d'étendue.

La seconde variété, ou huître de rocher, est d'une forme inégale, et ses valves sont recouvertes d'une couche épaisse de substance calcaire. On la trouve attachée aux rochers dans l'espace que forment leurs masses écartées. Ces huîtres sont beaucoup plus grasses et savoureuses que les autres et doivent cet avantage à l'espèce de parc naturel dans lequel elles se trouvent. On ne peut les pêcher que pendant les plus basses marées.

Huître gasar (*ostrea paratica*). Cette huître est mince ; sa valve inférieure est convexe et plus épaisse que la supérieure, qui est aplatie. Elle se trouve

attachée aux racines des arbres , à l'em-
bouchure des rivières de l'Afrique et
de l'Inde. Elle est très-estimée et très-
délicate.

L'huître cochleante. Cette espèce est
demi-ovale , très-excavée et écailleuse ,
presque en spirale à son sommet avec un
opercule très-mince ; elle se trouve dans
la Méditerranée attachée aux mandré-
pores et autres corps étrangers fixés
dans la mer.

Huître plicatule (*ostrea plicatura*).
Cette huître a la coquille plissée longi-
tudinalement ; les plis sont rugneux , sa
valve libre est plus petite et plus aplatie. Elle se trouve sur les côtes de
l'Amérique ; elle est toujours sur des
coquilles de la même espèce et parvient
rarement à une grandeur remarquable,
attendu que les jeunes, qui s'attachent
annuellement sur les vieilles, gênent d'a-
bord les mouvemens d'ouverture de

ces dernières, et finissent toujours par
les empêcher complètement de s'ouvrir. Mais elles sont toutes très-bonnes
à manger ; on donne ordinairement la
préférence aux individus pêchés dans
la rivière où remonte la marée.

Huître papyracée (*ostrea papyracea*).
Cette huître est presque ronde, mince,
demi-transparente, blanche ; sa valve
inférieure est terminée par un prolon-
gement court et aigu. Elle se trouve
dans la mer du Nord et dans celle des
Indes.

Huître diluvienne (*ostrea diluviana*),
Cette espèce est courbée en arc, plissée
extérieurement, et ses bords ont des
dents entrantes, droites et aigues. Elle
se trouve à l'état silicieux dans les
schistes et les marbres. En France et
ailleurs on en a trouvé dans la même
nature de terrain des huîtres fossiles
d'une grandeur gigantesque pour cette

espèce d'individus, puisqu'elles présentaient plusieurs pieds de diamètre.

Ennemis des huîtres.

L'homme tranquille et bon n'en a pas moins des ennemis, ce qui fait peu d'honneur à l'humanité. L'huître qui ne va jamais se placer sur le chemin de qui que ce soit et qui n'attaque personne, a aussi les siens ; ce sont de petoncles, des étoiles de mer et les crabes. Plusieurs auteurs dignes de foi, attestent comme témoins oculaires le fait suivant :

Le crabe a reçu l'industrie qui nous fait admirer en lui le moyen ingénieux dont il se sert pour se nourrir sans peine de la chair délicate de l'huître : il épie le moment où ce coquillage, pour recevoir une ondée salutaire, ouvre le battant de sa demeure et à l'instant où elle fait son baillement avec la patte, il place adroitement entre ses deux valves une petite pierre qui l'empêche ainsi de se re-joindre ; l'huître, malgré ses efforts, ne pouvant plus refermer ses valves, reste à la merci de son ennemi, qui s'en regale à son aise. Quel raisonne-ment ne faut-il pas à ce petit animal pour mettre en action ce stratagême !

Pêche des huîtres.

La pêche des huîtres commence or-dinairement en France vers la moitié du mois de septembre, et se continue jusqu'à la fin d'avril de l'année suivante; l'époque en est fixée par le conseil de Saint-Malo, et elle est très-sévèrement défendue pendant les mois de mai, juin, juillet et août, parce qu'à cette époque, l'huître jette son frai, de-vient maigre et de fort mauvaise qualité.

On se sert, pour la pêche dont il est question, du rateau et de la drague,

qui est l'instrument le plus généralement employé. C'est une espèce de
double rateau ou pelle de ferré courbée,
à très-long manche, auquel on attache
un filet fait de lanières de cuir et de
fil de fer à mailles étroites. On le
traîne à l'aide d'une petite barque à
la voile dans différens sens, afin de
détacher les huîtres. On reconnaît à
son poids qu'il en contient assez pour
le retirer. Quand il est hors de l'eau,
on en sépare les autres coquillages qui
s'y trouvent mêlés, et qui la plupart
sont des peignes et quelques cardions.
Le gouvernement enjoint également aux
pêcheurs de rejeter à la mer les huîtres
qui n'ont pas encore acquis leur en-
tier développement, afin dé prévenir
la trop prompte destruction ; d'ailleurs
ce n'est guère qu'au bout de dix-huit
mois qu'elles sont bonnes à manger.
Les pêcheurs connaissent l'âge des

huîtres à la distance des anneaux de la valve convexe. On prend avec cette pelle jusqu'à onze cents à la fois ; et, ce qui est remarquable, c'est que plus on en pêche, plus elles paraissent se multiplier.

On trouve des huîtres dans presque toutes les mers qui baignent les côtes de France, et particulièrement dans les baies ; mais elles ne sont nulle part en aussi grande abondance qu'auprès de Cancale, entre ce bourg, le mont Saint-Michel et Granville, c'est là que les pêcheurs des côtes de l'Océan et de la Manche viennent tous les ans s'approvisionner. Elles sont réunies par bancs de plusieurs lieues d'étendue.

Il y a des endroits ou la pêche des huîtres est très-dangereuse, parce qu'on ne les trouve qu'assez profondément sous l'eau, attachées aux rochers. Sur les côtes de l'île de Minorque, les Es-

pagnols seuls osent braver lés dangèrs
de cette pêche singulière. Ils se mettent deux dans un petit bateau ; l'un
d'eux se déshabille, s'attache un mar-
teau à sa main droite, fait le signe de
la croix, se recommande à son pâ-
tron, et plonge à dix à douze brasses
de profondeur pour en trouver ; il
les détache du rocher avec son mar-
teau autant qu'il peut en porter sous
son bras gauche, et, en frappant du
pied le fond de la mer, il remonte
et sort de l'eau aidé par son cama-
rade, qui après l'avoir ranimé avec
un verre d'eau-de-vie, s'apprête à
aller à son tour chercher la provision,
trop heureux quand, pendant ce pé-
nible travail, il ne rencontre pas quelque requin qui ne lui emporte un
bras ou une jambe !

Depuis 1774 jusqu'en 1777, les An-
glais essayèrent de déposer une très-

grande quantité d'huîtres dans les baies situées entre l'île de Wigth et la rivière de Southampton, dans l'intention sans doute d'enlever ce genre de commerce à la France; mais ils furent trompés dans leur spéculation; car l'eau douce les fit périr toutes. Elles furent un peu moins nombreuses pendant quelque tems sur les côtes qu'ils avaient voulu dépeupler; mais insensiblement elles sont redevenues aussi abondantes.

On a imposé une forte amende pour arrêter la cupidité des pêcheurs, et empêcher la destruction des bancs d'huîtres. Lorsqu'on les enlève en trop grande quantité, la vase vient peu-à-peu à couvrir les rochers et permet aux moules et aux petoncles d'y frayer et d'occuper la place des huîtres. On ordonne également la destruction des étoiles de mer qui s'y trouvent sur les bancs d'huîtres et qui font les plus grands dégats lorsqu'elles y sont abondantes, en introduisant leurs tentacules dans la coquille de ce mollusque et en les dévorant.

On devrait s'occuper en France d'en garnir certaines plages qui en sont entièrement dépourvues ; car plusieurs faits prouvent qu'on peut transporter et naturaliser ces coquillages sur des rivages qui n'en possédaient pas auparavant. Il y a à peu près cent ans qu'un riche propriétaire d'Angleterre en fit jeter une certaine quantité dans la rivière de Mène, où il n'y en avait aucune, elles s'y sont multipliées en si grande abondance, que le fond du lit de cette rivière, dans l'espace de plusieurs lieues, est actuellement couvert d'excellentes huîtres et qu'elles sont une source considérable de revenu. Le gouvernement a imité cet exemple sur différens points des côtes de l'Angleterre et avec un égal succès.

« Quelques auteurs attestent qu'aux environs de Constantinople , dans le Bosphore de Thrace , on sème, pour ainsi dire, les huîtres pendant une certaine saison de l'année , les Grecs , chargés de ce commerce, y conduisent des navires pleins de ces coquillages, qu'ils jettent dans la mer pour en avoir toujours une très - grande provision. » (Bomare , Dictionnaire d'Histoire naturelle.)

Parcage des huîtres.

L'huître pêchée sur un fond vaseux , est maigre, de mauvais goût et serait mal-saine, si on la mangeait sur-le-champ. Celle de rocher a besoin de changer d'eau ; elle est assez agréable au goût, mais elle est maigre, coriace et par conséquent difficile à digérer. La première ne devient bonne à manger et la deuxième n'acquiert ce goût

exquis qui la fait tant rechercher,
qu'après avoir séjourné pendant quelque tems dans un parc.

On appelle parc , un réservoir d'eau
salée de trois à quatre pieds de profondeur , qui communique avec la
mer , à l'aide d'un conduit par lequel
l'eau peut y entrer et en sortir ; et
pour qu'elle soit toujours le plus lym-
pide possible , on a soin de garnir
l'enceinte des fosses d'une couche plus
ou moins épaisse de petit galet et de
sable. Un parc, pour être bien fait, doit,
en partant de sa surface , aller en di-
minuant insensiblement en forme de
glacis qui s'incline vers le centre. Les
huîtres sont placées à un bord , de manière à éviter le contact de l'air , ou
la main des voleurs, et à ne point prendre la vase qui touche le fond.

On trouve des parcs sur toutes les
côtes de la France, qui avoisinent la

mer, particulièrement dans sa partie septentrionale. Les plus connus sont les Marennes, Saint-Valéry, Courseule, Fécamp, Dieppe, le Tréport et Dunkerque.

On ne peut établir de parc sur les bords de la mer continuellement exposés aux vents. Il suffit seulement, pour faire périr une huître, qu'un mouvement un peu violent de l'eau la renverse sur la valve supérieure, ou que le plus petit grain de sable pénètre dans son intérieur. M. Duhamel, de Tréport, a fait, il y a quelques années, la triste expérience, qu'un seul morceau de chaux suffit pour empoisonner tout un parc. En recherchant la cause qui fit périr les huîtres, il reconnut qu'il n'y en avait pas d'autre que la chaux qui avait été employée au pavage de la fosse.

Il est extrêmement facile de recon-

naître au premier coup-d'œil l'huître qui a été parquée, de celle qui ne
l'a pas été. L'huître, récemment pêchée,
a ordinairement son écaille raboteuse,
sa valve supérieure est entièrement cou-
verte de petites feuilles d'un drap marin
assez dur et le bord de ses valves est
pour l'ordinaire tranchant. Ce changement est dû au frottement des écailles
l'une contre l'autre opéré par l'action de les remuer.

L'eau de la mer est aussi indispensable et aussi salubre aux huîtres que
l'eau douce leur est funeste. La pluie
même leur est nuisible; et sous son
influence, on les voit enfler considéra-
blement et mourir en fort peu de
jours. Cette règle n'est cependant pas
applicable à toutes les espèces.

Les tems froids sont également dan-
gereux pour l'huître, car il suffit que
l'eau contenue dans les parcs gèle, pour

acquérir l'odeur la plus fétide et devenir par là un poison pour ces animaux. En cas d'inondation par les
pluies trop abondantes, ou de fortes
gelées, le seul moyen connu pour sau-
ver les huîtres d'une mort certaine,
est de les mettre à la mer, dans un
bateau percé de plusieurs gros trous, afin
que l'eau puisse y pénétrer facilement.

Les huîtres parquées exigent donc les
soins les plus attentifs. L'amarailleur
(c'est ainsi que l'on appelle l'individu
chargé de les surveiller), doit les vi-
siter soigneusement tous les jours, les
remuer avec un rateau armé de dents
de fer un peu mousses, ôter celles
qui sont mortes; changer souvent les
autres du parc, et prendre garde en
les retirant avec le rateau d'enlever
les barbes qui entrent dans les valves,
car elles périssent aussitôt qu'elles ne
peuvent plus les fermer hermétiquement.

Pour que l'eau de ces réservoirs reste constamment au même niveau, et pour l'empêcher d'être inondée par les grands orages ou les hautes marées, on y pratique des espèces d'écluses, qu'on ouvre et qu'on ferme à volonté, et qui ne laissent entrer l'eau des marées qu'autant qu'on le juge nécessaire.

Des huîtres vertes.

Les anciens, qui aimaient si passionnément les huîtres, ignoraient entièrement l'art si commun aujourd'hui de les faire verdir, afin de leur donner encore plus de délicatesse et de prix. Pour les obtenir ainsi, les amarailleurs ont la précaution de laisser le parc à un quart plein d'eau jusqu'à ce que les cailloux qui sont au fond de la fosse se tapissent en vert, c'est alors qu'ils jugent qu'elle est propre

à recevoir les huîtres et qu'ils achèvent
de les remplir d'eau de mer. Quelques jours suffisent ordinairement pour
leur donner une nuance de verdure ;
mais il faut toujours les laisser séjourner
un mois et demi ou deux pour que leur
couleur verte soit bien foncée. Il faut
encore être en garde contre cette
nuance que les marchands de mauvaise
foi savent fort bien leur donner par
un moyen aussi coupable que dan-
gereux : le docteur Lentilius cite
l'exemple d'une famille entière qui fail-
lit devenir, sans lui, victime de cette
fraude.

Ce n'est qu'à une température mo-
dérée pendant les mois de mai, avril,
septembre et octobre, que les huîtres ac-
quièrent cette teinte accidentelle, qui leur
donne beaucoup plus de saveur qu'aux
autres, et que je considère comme un
état de maladie, peut-être de polysarcie.

Quand elles deviennent très-vertes, les amarailleurs disent alors qu'elles ont bien pâturé.; ce qui a fait croire que l'huître se nourrissait d'herbes dans le parc.

En 1779, lors du camp de Vausieux, une foule de personnes de la cour, attirée à Courseule par curiosité, furent très-surprises d'apprendre qu'on ne nourrissait point les huîtres avec des herbes vertes très-chères comme on le leur avait fait accroire. En les voyant ainsi renfermées dans des réservoirs dont l'eau stagnante leur paraissait fétide, ils s'imaginèrent par là que l'huître devait nécessairement s'altérer, et passant aussitôt d'une erreur à une autre, il n'en fallut pas davantage pour les dégoûter entièrement d'un aliment très-salubre, et qui jusqu'alors avait fait leurs délices.

Maladies des huîtres.

Il est difficile de pouvoir assigner
une véritable cause aux maladies qui
attaquent partiellement les huîtres,
puisqu'on trouve journellement les malades confondues avec les plus saines,
et qu'il est à présumer que, réunies
sous un seul point, et soumises à la
même influence, elles devraient souffrir
toutes également, comme il est arrivé dans
le cas de mortalité que j'ai rapporté
plus haut. On remarque cependant
qu'un voyage un peu long les dis-
pose à devenir malades et en ce cas il
est prudent, lorsqu'elles arrivent par
bateaux des côtes un peu éloignées, de
les parquer séparément ; car on a vu
très-souvent des parcs composés de
soixante à quatre-vingt millions d'huîtres périr entièrement dans l'espace de

cinq à six jours, parce qu'on avait né-
gligé de prendre la précaution que j'in-
dique ici.

On reconnaît aisément l'huître souf-
frante aux signes suivans : elle ouvre
et ferme doucement sa coquille, et
même souvent elle la laisse entr'ou-
verte. En écartant légèrement ses valves,
on voit le corps de l'animal et son
bord frangé, mou, laiteux et cédant
facilement à la pression du doigt. Dans
ce cas, il faut, si le parc est considérable,
et que son eau ne soit pas renouvelée
chaque jour par la marée montante,
ôter les malades et les p.....r dans
des parcs exposés à son mouvement
de flux et de reflux. C'est le seul
moyen de conserver celles qui sont
saines, car l'expérience prouve que la
maladie se communique très-facilement.

Conservation des huîtres.

Les anciens avaient, pour conserver les huîtres, un moyen qui n'est point parvenu malheureusement jusqu'à nous. Apicius, ce fameux gourmand , en envoya d'Italie en Perse à l'empereur Trajan sans qu'elles eussent rien perdu de leur fraîcheur ; le meilleur moyen que nous ayons aujourd'hui de conserver les huîtres et de les faire parvenir fraîches à des distances très-éloignées , c'est de les empêcher de perdre leur eau. Pour y parvenir, on les entasse avec soin horizontalement les unes sur les autres dans des paniers que l'on bâche et dans lesquels elles sont tellement pressées, qu'elles ne peuvent pas ouvrir leurs valves.

Signes par lesquels on peut reconnaître les huîtres fraîches.

Comme les huîtres fraîches sont beaucoup plus délicates et beaucoup plus salubres que celles qui ne le sont pas , il est fort important pour celui qui désire les manger de bonne qualité, de connaître les signes qui les font reconnaître pour telles.

Une huître, pour être fraîche, ne doit avoir aucune odeur, sauf celle de marécage qui lui est propre ; elle doit avoir ses écailles humides, serrées, et n'avoir aucune apparence de s'ouvrir. Celles qui ne réunissent pas ces conditions , ne sont pas fraîches et doivent être rejetées, non-seulement parce qu'elles ne sont plus aussi salubres , mais elles ont encore une odeur forte et un goût d'amertume qui est loin de plaire à beaucoup de monde.

Manière d'ouvrir les huîtres.

Un couteau ordinaire est l'instrument dont on se sert communément pour ouvrir les huîtres. Je ne parlerai pas ici de toutes les manières mis en usage pour les ouvrir, de pareils détails me conduiraient trop loin; je me bornerai seulement à rapporter celle mise en usage par nos écaillères de Paris, qui me paraît être la plus facile de toutes celles usitées.

Voici comment ces femmes s'y pren-nent pour exécuter l'opération dont il s'agit: elles commencent d'abord par s'envelopper la main destinée à saisir l'huître d'un linge, puis elles l'y pla-cent de manière que la valve supérieure de l'huître soit en haut et que son talon ou extrémité postérieure soit tournée du côté des digitations de la main. Ensuite elles portent le tranchant de leur couteau dans la jonction des valves et par des petits mouvemens qu'elles lui impriment, il parvient assez facilement à pénétrer de quelques lignes; alors elles lui font exécuter un mouvement de rotation au moyen duquel la valve supérieure s'écarte de l'autre, ensuite elles le font glisser tout doucement le long de la valve supérieure de l'huître et l'animal tombe ainsi détaché dans la coquille inférieure au milieu de son eau.

Telle est en peu de mots la manière dont se servent ces femmes pour ouvrir ce mollusque, manière qui, comme l'on voit, est fort simple et ne présente aucun danger pour celui qui l'exécute.

Analyse chymique des huîtres.

De l'eau contenue dans les huîtres.— L'eau des huîtres contient d'après M. Pasquier : 1°. beaucoup d'hydro-chlo-

rate de soude ; 2°. d'hydro-chlorate de
magnésie ; 3°. du sulfate de chaux ; 4°.
du sulfate de magnésie ; 5°. enfin une assez grande quantité de matière animale.

De l'animal. — La matière animale
contient, d'après le même auteur : 1°.
beaucoup de matière saline , et les mêmes
que celles de l'eau de la mer ; 2°. beaucoup de phosphate de fer et de chaux ;
3°. beaucoup d'os mazome ; 4°. une
certaine quantité de gélatine ; 5°. une
certaine quantité de mucus ; 6°. enfin une matière animale d'une nature
particulière , dans laquelle le phosphore entre comme élément.

Ici se termine ce que j'avais à dire
dans cette première partie ; je passe
maintenant à la deuxième,

DEUXIÈME PARTIE.

Qualités alimentaires de l'huître.

Auparavant d'entrer dans aucun détail sur les qualités alimentaires de l'huître, il est essentiel de prévenir, que je ne parlerai point de celles que l'on fait cuire ; car toutes, dans cet état, elles sont réfrandaires à nos organes digestifs, mais seulement de celles qui, pleines de vie et de fraîcheur, baignant dans une eau limpide, flattent à la fois le goût et la vue, développent l'appétit et préparent l'estomac à une bonne digestion.

Cette qualité si précieuse pour un gourmand était connue des romains, car ils commençaient toujours leurs repas par des huîtres et autres coquillages que l'on servait tels qu'ils sortaient de la mer. Cependant on les faisait cuire quelquefois , et alors on leur cherchait une sauce distinguée. La plus estimée était le garum : Cette saumure très-recherchée des fins gourmands de Rome et réservée pour les tables riches , se composait avec les entrailles du maquereau selon Martial.

Expirantis adhuc scombri de sanguine primo
Accipe fastosum, munera cara garum.

« Acceptez ce *garum* fastueux, précieux » cadeau, composé du sang d'un maquereau » à peine mort. »

Pline , (lib. XXXI cap. VIII) dit qu'à l'exception des parfums les plus exquis , il n'y avait pas de liqueur qui fût aussi chère et qui fit autant de réputation aux pays d'où elle était tirée: *Nec liquor ullus penè præter unguenta majore in pretio esse cœpit, nobilitatis etiam gentibus.* Le conge (mesure de trois livres ou pintes) , valait mille pièces d'argent. Le maquereau pêché sur les côtes d'Espagne était le plus estimé; pêché à tout autre endroit, il n'était bon que pour des palais vulgaires.

Les huîtres du lac Lucrin, tant vantées par Horace, eurent pendant long-tems la préférence. Agrippa avait fait communiquer ce lac avec le lac Averne, par le moyen d'un canal qu'il avait fait creuser sous une montagne ; mais un tremblement de terre survenu en 1538 l'a tari, les huîtres ont disparu et il n'y reste plus maintenant de ce lieu si chéri des anciens qu'un marais fangeux, nommé aujourd'hui mer morte.

Sergius Orata, fut le premier qui fit construire des réservoirs à Baïa pour y conserver et engraisser les huîtres, et ce fut lui aussi qui fit bâtir un palais magnifique où il allait s'ingurgiter avec ses amis. Il en faisait un tel abus, que chaque convive

en avalait des quantités considérables
pour aiguiser son appétit et préluder
à des mets plus solides.

Vitellius , qui les aimait passionnément, s'en faisait servir quatre ou
cinq fois par jour , et les vomissait
ensuite pour avoir le plaisir d'en avaler de nouvelles. Les dames romaines
partageaient même ces honteux excès ,
et allaient dans une chambre voisine
du cénacle ou salle à manger, les vo-
mir. On se refuse vraiment à croire
de pareilles turpitudes chez un sexe
dont la constitution délicate semble
repousser ces actes dégoutantes , trop
communs dans Rome à une certaine
époque , et partout on préfère trouver les femmes parées de tout ce
que la vertu a de plus aimable , et les
grâces modestes , de plus séduisant.

C'est à Baïa , près de Pouzole , et
non loin du lac Lucrin , sur les bords de
la mer Tirrhénéenne, dans le site le plus

enchanteur et sous le plus beau
ciel , que les Romains riches avaient
placé leurs maisons de campagnes pour
aller se livrer au plaisir de la table
et savourer des huîtres. Ils savaient fort
bien qu'elles ne sont pas également
bonnes dans tous les parages.

Sed non omne mare est generosæ fertile testæ
Hor. lib. II , sec. IV.

Aussi aimaient-ils , quand ils étaient
en voyage, à en trouver partout. Ils
s'informaient même d'avance si , dans
les lieux où ils devaient s'arrêter,
ce coquillage était abondant et de
bonne qualité , et surtout si le vin
était généreux.

Horace , en rendant compte d'un
repas que lui donna un avare pendant une excursion qu'il fit dans la
grande Grèce, n'oublie pas de dire qu'on
lui servit des huîtres.

Nos in quam cœnamus aves, conchylia pisces.

» On nous servit à souper des oiseaux,
des huîtres, du poisson.

Ce poëte, malgré ses déclamations
contre la voracité de ses contempo-
rains, n'était point exempt lui-même
d'un peu de gourmandise; car il ne
manque pas une seule occasion de
montrer dans ses ouvrages, son goût
pour les huîtres et le bon vin.

Après les huîtres de Lucrin, celles
de Brindes et de Tarente eurent
ensuite tour-à-tour la vogue. Néron
préférait l'huître de Circé à celle de
Lucrin, ou du Promontoire de Rutupe,
et la distinguait toujours au premier
coup de dent.

Circeis mastra nata forent, an
Lucrinum ad saxum ; Rutupinove edita fundo
Ostrea, callebat primo deprendere morsu:
Juvenal, lib. I. sat. IV.

5

Pline ne les estimait pas moins , et disait qu'aucune n'était ni plus douce , ni plus tendre que celle de Circé. *Circœ ensibus neque dulciora neque teneriora esse ulla compertum est.*

Amateurs aussi passionnés et non moins scrupuleux que les anciens sur le choix de leurs huîtres , nous avons trouvé le moyen de les rendre bien meilleures , et nous leur accordons, comme eux également , un degré d'estime plus ou moins grand , suivant les lieux d'où elles nous sont apportées.

Les plus recherchées de France se trouvent sur les côtes de la Bretagne , et les plus grosses sur celles de la Normandie , d'où elles sont transportées à Paris à grand frais pendant l'automne et l'hiver. Les huîtres d'Angleterre passent aujourd'hui pour les meilleures de l'Europe.

Lorsqu'on désire avoir de bonnes

huîtres, il faut les choisir de grandeur médiocre et ne prendre que celles qui ont été pêchées dans une eau très-claire; celles qui vivent sur un fond vaseux doivent être rejetées, car elles conservent toujours un goût désagréable et elles peuvent même y contracter des qualités nuisibles, ainsi que cela est arrivé assez récemment au Havre.

Les grosses huîtres, telles que celles de Bretagne , de Boulogne en France, d'Ancône en Italie , et autres lieux , ne sont nullement savoureuses ; elles chargent beaucoup l'estomac et causent très-souvent des rapports nidoreux. l'huître pied-d'âne, quoiqu'assez grosse, a cependant la chair assez tendre et trouve aussi des amateurs qui , pour lui donner un peu plus de saveur, l'assaisonnent avec quelques gouttes de vinaigre , de poivre et des échalotes.

A Naples , c'est le lac Fustaro qui
fournit aujourd'hui les huîtres les plus
estimées , comme le furent jadis celles du
lac Lucrin ; mais elles sont ordinairement
très-grosses, et, pour leur faire perdre
un peu de cet embonpoint qui nuit
beaucoup à leur qualité , quand il est
un peu trop excessif , on les fait
voyager par mer dans des bateaux de
moyenne grandeur et percés d'un cer-
tain nombre de trous , de manière que
l'eau puisse les baigner aisément et se
dégorger en peu de tems.

Les rochers qui bordent les côtes
de Naples , fournissent une espèce
d'huître très-estimée des fins gourmets,
mais en général si petites , qu'on est
presque toujours obligé de réunir dans
une des valves, trois ou quatre individus, afin de trouver par-là quelque chose sous les dents.

Les huîtres communes que l'on vend

à Paris en si grande quantité pendant l'automne et l'hiver, sont en général d'un goût assez agréable, mais il en est fort peu qui égalent celles du rocher de Cancale, à jamais célèbre dans les fastes de notre gastronomie !

L'huître, quoiqu'ayant été regardée de tout tems à jamais comme un aliment d'une très-facile digestion et que nos amateurs puissent en manger en très-grande quantité sans éprouver la moindre incommodité et sans en moins bien dîner après, on trouve cependant quelque santeurs en médecine, très-estimables d'ailleurs, être d'un sentiment tout-à-fait opposé, et comme il est aussi très-commun dans le monde de voir des personnes craindre d'en manger le soir ; mais c'est un préjugé que la facilité avec laquelle ce mollusque est digéré me dispense entièrement de réfuter. D'ailleurs à Vienne et dans

presque toute la Hollande cet usage est
conservé.

Le docteur Lémery, dans son trai-
té des alimens, a avancé que l'huître
se digère difficilement et cause très-
souvent des obstructions aux personnes
qui en font un usage un peu fréquent.
Le docteur Horstius était du même
sentiment, mais il croyait de plus cependant qu'elles engendraient des hu-
meurs pituites; *austrea minus nu-
triant difficulter coquintur, et vent-
culum pituitusis humoribus facile re-
plent.*

Le docteur Andry était d'un avis
tout différent; car cet auteur préten-
dait au contraire que l'huître est plutôt
dissoute que digérée dans l'estomac;
qu'elle se résout entièrement en eau,
et que cette eau, légèrement saline, en
favorise l'expectoration. Mais tous nos
auteurs modernes s'accordent aujour-

d'hui à regarder, l'huître comme un bon aliment et de très-facile digestion.

Il paraît bien que Montaigne aimait passionnément ce coquillage, car il ne pouvait se résoudre à s'en priver. Quoi ! disait-il, pour me préserver de la colique, il faut que je renonce entièrement à manger des huîtres ! c'est toujours éprouver un grand mal et me dérober à la douleur par la douleur.

Il est beaucoup de personnes, et particulièrement celles qui habitent les pays éloignés de la mer, que la vue d'une huître est pour elle un objet de dé-goût insurmontable et qui, malgré des essais assez réitérés, n'ont jamais pu parvenir à en avaler une seule, tandis qu'au contraire rien n'est plus com-mun que de voir des amateurs en manger vingt ou trente douzaines et n'en éprouver après qu'un meilleur appétit.

Au milieu de ces personnes extrê-
mes dans leur dégoût ou leur passion
pour les huîtres, se trouvent celles qui les
aiment sans folie et les mangent avec
modération. Deux ou trois douzaines
suffisent à ces amateurs ordinaires,
et c'est assez généralement par elles
que commencent les repas un peu gais
dans lesquels on aime à éveiller l'appétit, prolonger le séjour à table et
provoquer par des libations un peu
abondantes, une conversation plus ani-
mée, et quelquefois les plus aimables
saillies.

Quelques amateurs saupoudrent leurs
huîtres avec une espèce de poivre
nommée mignonnette ; d'autres pré-
fèrent verser dans l'eau quelques gouttes de jus de citron, de verjus, de
bon vinaigre et quelquefois même y
ajouter de l'échalote ; mais les vrais
amateurs les mangent sans aucune es-

pèce de mélange , et ils peuvent en faire l'excès sans en éprouver d'indiges- tion. On a cru pendant long-tems que le meilleur remède était de faire manger une soupe au lait aux porsonnes qui en étaient incommodées ; mais c'est un préjugé qui n'a plus aujourd'hui de partisans que parmi la classe vul- gaire.

L'huître est un aliment excellent , et un des meilleurs analeptiques. La promptitude avec laquelle elle répare les forces épuisées, la rend infiniment pré- cieuse aux vieillards, qui, n'ayant pres- que plus d'appétit, ont besoin d'une substance qui, sous un petit volume, les soutienne sans les fatiguer. Les convales- cens dont l'estomac, souvent débilité par l'usage des médicamens, se soulève à la vue des substances animales cuites et qui ne pourraient admettre la moindre quan-

tité sans les rejeter aussitôt, s'en trou-
veront toujours très-bien.

Parmi les nombreux et brillans hors-
d'œuvres qu'effleurent les convives qui
ne veulent qu'aiguiser pour ainsi dire
l'appétit, se remarquent aussi les huîtres marinées; cette préparation consiste
à les plonger, au sortir de leur coquille,
dans l'eau bouillante, puis à les retirer ensuite pour les conserver dans un
mélange de vinaigre et d'eau salée, et
les servir arrosées d'huile d'olive; mais
cette préparation les rend très-coriaces
et difficiles à digérer, aussi n'ont-elles
dans cet état que très-peu de partisans.

Avec l'avantage d'exciter l'appétit,
de se digérer aisément et de réparer
les forces épuisées, on conçoit que l'huître
doit encore jouir d'une vertu aphro-
disiatique non équivoque : on connaît
l'heureuse fécondité des peuples ichtyo-
phages, et on attribuait à l'abus des

huîtres, le libertinage aussi incroyable
que scandaleux auquel se livraient
les anciens Romains, et contre lequel
Juvenal s'élevait avec autant de force
que de courage. De nos jours même,
beaucoup d'auteurs partagent l'opi-
nion des anciens, et je citerai entr'autres, feu M. Alphonse Le Roi, qui
disait que la population serait beaucoup plus nombreuse si les époux fai-
saient un usage fréquent des huîtres à
leurs repas.

Une pareille propriété peut dépen-
dre du phosphore que l'huître tient en
état de combinaison; car cette seule substance suffit pour donner à cette assertion
un degré de certitude assez grande.
D'ailleurs, je sais qu'il serait trop pé-
nible d'aller feuilleter dans les fastes
de la débauche pour y trouver des
exemples qui doivent rester ignorés
et dont je ne dois pas salir ici mes
pages.

L'usage modéré des huîtres comme aliment, est rarement suivi d'accident; cependant, lorsqu'elles n'ont pas été parquées, elles causent très-souvent des indigestions, et de plus, des vomissemens et des superpurgations, contre lesquelles on emploie toujours, avec beaucoup de succès, une infusion légère de thé avec addition du suc de citron. D'autrefois elles occasionnent une éruption miliaire très-douloureuse et tout-à-fait analogue à celle qu'éprouvent quelques personnes qui ont mangé du fromage très-fort.

TROISIÈME PARTIE.

De la qualité et de la couleur du vin que l'on doit boire en mangeant des huîtres.

Le choix dans la qualité du vin pour manger des huîtres, n'est pa- une chose tout-à-fait indifférente, com- me on pourrait le croire, on doit au- contraire y apporter une attention toute particulière; car tout espèce de vin n'est pas également propre à cet usage. En général tous les vins qui contiennent trop d'alcohol doivent être rejetés, parce qu'ils ont la pro- priété de durcir l'huître, de la rendre coriace et par conséquent difficile à digérer. Ceux dont on fera le choix ne devront contenir que très-peu d'al- cohol et doivent abonder en principes

6

acides. Quant à leur couleur, le vin
rouge a en général peu de partisans ,
et de nos jours, c'est le vin blanc
qui est réputé le meilleur et le plus
agréable : les plus usités par nos célèbres gastronomes sont, le Chablis ,
le Bourgogne et le Champagne.

On a assez généralement l'habitude
de boire beaucoup de vin en mangeant des huîtres, de sorte que les
amateurs du premier ordre, ceux qui
en avalent trente à quarante douzaines
seraient bientôt ivres , si l'eau de
l'huître, agissant sur l'estomac, n'en
précipitait la digestion , et ne le faisait
rendre par les urines presque immé-
diatement qu'il a été bu , et avant que
la fumée ait pu monter à la tête
et troubler le cerveau. C'est peut-être
cette faculté propre au vin blanc
de passer par les voies urinaires presque aussitôt après avoir été bu qui

a fait soupçonner un chemin plus
direct que celui de la circulation,
et qui a engagé plusieurs auteurs
dans des recherches sans fruit comme
la plupart en ont donné des expli-
cations toutes gratuites. Un de nos
physiologistes modernes attribue ce phénomène aux veines qui, de l'estomac
et de l'intestin grêle, se portent direc-
tement aux reins.

QUATRIÈME PARTIE.

Propriétés médicales de l'huître.

Après avoir trouvé dans l'huître une ressource alimentaire aussi saine qu'agréable, examinons maintenant quelles peuvent être ses vertus comme médicament.

Oribase, médecin de Julien, ne croyait pas que les huîtres fussent un aliment très-nutritif; mais il les conseillait pour relâcher le ventre. Aëtius était également du même avis; et Horace, qui leur connaissait cette propriété, les recommande à tous ceux qui sont constipés.

. . . . Si dura morabitur alvus,
Mytulus et viles pellent obstantia conchæ.

Tous les médecins en général qui ont écrit sur ce mollusque, s'accordent à le prescrire dans le même cas. Sa qualité principale étant de fournir une substance nutritive qui s'assimile aisément et une eau saline nécessairement stimulante, on doit s'en abstenir dans toutes les maladies inflammatoires, tandis qu'il est indiqué et salutaire dans beaucoup d'affections chroniques. Ainsi, dans les diarrhées qui ont résisté à tous les traitemens, en apparence les mieux indiqués, l'huître a été le meilleur médicament et a fait cesser comme par enchantement un flux qui menaçait de devenir mortel. Ces bons effets me paraissent surtout dus à la grande quantité d'osmazome contenue dans l'huître.

Dans l'ictère spasmodique et dans celui qui est entretenu par les affections tristes de l'âme, ou par l'engorgement chronique du foie, lorsqu'il

6.

n'a que peu ou point d'irritation aux intestins, et que l'on cherche au contraire à en provoquer par l'usage des boissons amères, aiguisées avec quelques sels neutres ; quand l'appétit est nul et que, loin d'être excité par les médicamens, il semble au contraire diminuer de plus en plus, alors l'huître obtient le double avantage de donner du ton aux fibres de l'estomac et de soutenir et même de réparer les forces, si promptement perdues.

Lorsqu'à la suite d'une mauvaise alimentation, de la privation de végétaux et d'eau fraîche, de l'influence d'un air non renouvelé, etc., les voies digestives contiennent des substances qui se putréfient aisément; que le sang, ce fluide réparateur, privé de ces matériaux, circule chargé de fibrine, mal élaborée, et ne pouvant plus entretenir, ni la chaleur, ni la vie, laisse le corps à des désorganisations qui, d'abord partielles, envahissent ensuite tout le système, et l'entraînent par une fin aussi prompte que déplorable, alors l'huître est une ressource d'autant plus précieuse contre cette cachésie scorbutique, qu'elle agit comme médicament et comme aliment.

On prépare avec les huîtres, un bouillon véritablement utile contre les attaques variées de la nombreuse cohorte des maladies lymphatiques, contre les catharres pulmonaires chroniques, et cela se conçoit facilement en se rappelant que la chair de l'huître contient beaucoup de principes salins et d'osmazome.

On a prescrit les huîtres avec avantage dans les phthisies chroniques à la fin des catharres, et en général c'est un excellent moyen de mettre fin à ces rhumes qui se prolongent infiniment.

L'excitation produite par leur eau facilite l'expectoration, et suffit pour rendre aux organes qui étaient le siége de la maladie, le ton qu'ils avaient perdu.

Elles sont très-indiquées pour les personnes dont les disgestions sont laborieuses et longues, lorsqu'il y a engorgement dans quelques parties de l'estomac et surtout au pylore (ou orifice inférieure de l'estomac). C'est dans les affections de cette nature que feu M. le docteur Bodin envoyait ses malades chercher de l'eau d'huître chez les marchandes de la rue Montorgueil; il leur en faisait boire cinq ou six cuillerées à bouche et plus par jour. Je pense qu'il n'y avait qu'un simple engorgement et que l'état squirreux n'existait pas encore dans tous les cas; je crois que cette eau est aussi utile que les eaux minérales de Vichy et

de Barrèges dont on fait assez généralement plutôt un abus qu'un usage
rationnel et même je la préfère.

CINQUIÈME PARTIE.

Usages des écailles des huîtres.

L'écaille de l'huître n'est point sans aucune utilité comme on pourrait le croire. On l'emploie comme engrais dans les pays voisins des côtes. On la calcine, et on en fait une très-bonne chaux propre à bâtir. La pharmacie s'est aussi emparée de ce sel calcaire. Il entre dans plusieurs poudres absorbantes; mais, comme médicament, il doit avoir peu ou point de vertus.

Pendant la calcination de la coquille, il se forme une petite quantité de gaz hydrogène sulfuré, qui se dissout dans l'eau, où l'on éteint la chaux d'huître, ce qui avait fait penser qu'elle pourrait être bonne dans les maladies des voies urinaires, particulièrement contre la gravelle. Mais on sait à quoi s'en

tenir sur ces prétendus fondans de la
pierre, et maintenant ce moyen est
resté entièrement dans l'oubli. C'est à
ce titre que l'écaille d'huître entrait
dans le remède de mademoiselle Sté-
phens, contre la pierre.

On lit dans les mémoires de l'aca-
démie des sciences de Paris, que la
chaux d'huître, éteinte dans du vin
blanc, a guéri une hydropisie. Et enfin
le docteur Crollius veut que cette
écaille soit un excellent fébrifuge. Je
donne ces opinions pour ce qu'elles
valent, sans les garantir aucunement,
et, pour mon compte, je n'y ai pas
la moindre confiance.

SIXIÈME PARTIE.

Commerce des huîtres.

Après avoir fait l'histoire naturelle de l'huître, indiqué les espèces les plus communes et les plus remarquables ; enseigné la manière de les pêcher, de les parquer, de les faire verdir, de les conserver, de les ouvrir, de reconnaître celles qui sont malades et celles qui sont fraîches ; fait connaître leurs qualités alimentaires et propriétés médicales ainsi que les usages de leurs coquilles, il est juste maintenant que je dise un mot de leur commerce, afin, par là, de ne rien omettre de ce qui les concerne.

C'est surtout dans les grandes villes, et particulièrement à Paris, que l'on porte les huîtres des différens parcs dont j'ai parlé dans le cours de cet ouvrage : leur débit dépend du caprice des consommateurs et des variations du tems. Il n'en est pas de ce comestible comme d'autre qui se gardent et ont un prix fixe ; que la gelée survienne pendant le transport, elle fait périr toutes les huîtres. Il est donc impossible, d'après cela, d'établir de base certaine sur la perte ou sur le bénéfice. Quelquefois le paquet vaudra vingt francs, et le lendemain il ne vaudra à peine plus vingt sols. Ce commerce, comme on le voit, est souvent pour celui qui le fait plus funeste que lucratif.

Nota. Les personnes qui désirent avoir de bonnes huîtres, pourront s'adresser avec confiance à madame Cordier, rue Montorgueil, n°. 65 ; à madame Lequesne-Leturier, même rue, n°. 85, ainsi qu'à mademoiselle Menue, même rue, n°. 76.

FIN.

TABLE ANALYTIQUE

des

MATIÈRES CONTENUES DANS CET

OUVRAGE.

(75)

Noms et demeures des marchands
de vin et restaurateurs chez
lesquels on trouve des écaillères.

Chez MM. Moine, rue de Clery. 46
— Cornuot, rue Poissonnière.. 29
— Oradom, rue Montorgueil... 55
— Morisat , rue du jardin
      du roi............. 26
— Ronard, rue St.-Christophe 6
— Dehostingue , rue de la
      Vannerie 49
— Richard, rue St.-Martin.... 60
— Lefebvre, rue St.-Martin.. 101
— Defosse, même rue........ 144
— Nadet, même rue......... 180
— Baudoin fils, même rue.. 181
— Corbion, rue St.-Denis... 341
— Luzine, rue du faubourg-
      poissonnière........ 1

Fin de la Table.

Véritable Médecine sans Médecin, ou Sciences médicales, mises à la portée de toutes les classes de la société, d'après les plus savans et les plus célèbres Médecins; par *Morel de Rubempré*, Docteur–Médecin de la Faculté de Paris et membre de plusieurs sociétés savantes. Un fort volume in–12, orné du portrait de l'auteur et de celui des plus célèbres médecins; prix 7 f.

Cet ouvrage, indispensable à tous les ménages, obtient le plus grand succès et mérite de n'être pas confondu avec les ouvrages portant à-peu-près le même titre, et dans lesquels on ne rencontre qu'erreur et charlatanisme.

Histoire naturelle, enseignée en quarante leçons; par *A. Boisduval* et *H. Lecoq*, professeurs d'histoire naturelle. Un fort volume in–12; prix. . . . . 7 f. 50 c.

Cet ouvrage est indispensable à toutes les personnes qui étudient cette science et à toutes celles qui désirent en acquérir la connaissance en très-peu de tems.

Des mêmes auteurs : *La Taxidermie*, ou l'Art d'empailler les oiseaux, les quadrupèdes, les reptiles et les poissons, de recueillir et préparer les coquillages, enseignée en dix leçons. Un v. in–12, avec plusieurs planches, 3 f. 50c

Le succès qu'obtient cet ouvrage nous dispense d'en donner de longs détails. Les personnes qui s'occupent de cette science, ainsi que les amateurs d'histoire naturelle savent l'apprécier.

Tachéographie, enseignée en cinq leçons, ou nouvelle Méthode pour écrire aussi vite que la parole, en n'employant que les lettres de l'alphabet ordinaire; seconde édition, brochure in—8°.; prix. . . . . .1 f. 5o c.

Cette méthode est la plus facile qui ait paru jusqu'à ce jour; elle sera très—utile aux avoués, avocats, hommes de lettres, étudians de toutes les classes, et généralement à tous ceux qui suivent des cours.

L'Algèbre, enseignée en seize leçons, par *Trastours*, élève de l'Ecole normale. Un vol. in—12; prix. . . . . 2 f. 5o ce

Avec cet ouvrage on peut apprendre l'Algèbre sans maître.

Histoire abrégée de Paris, depuis son origine jusqu'à nos jours, d'après Dulaure et autres; par *Léonard* et *Eugène de Monclave*. Deux fort volumes in—18, bien imprimés. . 7 f.

Vie, Exploits, Triomphes oratoires et derniers momens du général Foy, député de l'Aisne, suivis du Tableau de la journée du 3o novembre et des funérailles du Général, avec les discours prononcés sur sa tombe. Un fort vol. in—18, orné de son portrait. 3 f. 5o c.

Le Nouveau Conducteur, ou Guide de l'étranger aux environs de Paris, contenant la description et l'indication de tout ce qu'il y a de curieux et d'utile à voir, l'indication des jours de fêtes patronales de chaque endroit, suivi de la liste complète de toutes les voitures qui y conduisent, les prix des diverses places, les jours et heures de départ de chacune d'elles, etc. Un fort vol. in-18, orné de six vues des environs, et d'une carte; prix. . . . . . 4 f.

Le Véritable Conducteur parisien, ou le plus complet, le plus nouveau et le meilleur Guide des étrangers à Paris, indiquant le moyen de connaître, *en douze jours*, tout ce que cette capitale renferme de curieux et d'utile à voir dans ses douze arrondissemens, décrits séparément. Un fort volume in-18, orné de 22 vues des plus beaux monumens et d'un nouveau plan de cette capitale, contenant tous les changemens et accroissemens jusqu'à ce jour; par *Richard*. Prix. . . . . 4 f.

Nous recommandons cet ouvrage à tous les étrangers qui désirent avoir une description aussi juste que détaillée de Paris, notamment à ceux dont les affaires ne leur permettent pas de sacrifier un long tems à connaître toutes ses curiosités.

Le Petit Constitutionnel, chansonnier ; par *Charles Lepage*. Un vol. in-18, orné d'une jolie gravure ; prix. . . . . 2 f. 50 c.

Ce Recueil contient de très-jolies chansons de sociétés, aussi gaies que spirituelles.

Le Chansonnier des Théâtres, ou Choix des plus jolis couplets chantés au théâtre du Gymnase, du Vaudeville, des Variétés, de la porte Saint-Martin et autres, tirés des meilleures pièces de MM. Béranger, Desaugier, Scribe, Merle, Brazier, Carmouche et autres ; première et deuxième année, 1825 et 1826. Un fort volume in—18, et orné chacun d'une gravure, prix de chaque, se vendant séparément. . 3 f. 5o c.

Chansons nationales nouvelles et autres; par *Emile Debraux.* Un fort volume in—18, orné d'une gravure représentant le Grenadier du mont St.—Jean; prix. . . . 4 f.

Du même auteur: *Nouvelles Chansons nationales et autres,* ayant paru par livraison, à raison de 25 cent. la livraison; format in—32. Cinq livraisons réunies en un volume; prix. 1 f. 25 c. Il paraîtra encore cinq livraisons pour former un autre volume du même prix.

Chansons nouvelles et inédites. Un v. in-32, dans lequel se trouvent le pot-pourri sur la mort de la loi d'amour et de justice, et une Chanson ayant pour titre l'*Accouchement de monsieur de Peyronnet;* prix. . . . 1 f. 25 c.

Nouvelles Chansons. Un vol. in—18, orné du portrait d'*Emile Debraux*, et de celui de *Napoléon* sur le rocher de Saint—Hélène, tome deuxième de ce format, 1828; prix. . 4 f.

L'Enfant de la Goguette. Un vol. in—18, avec gravures; prix. . . . . . 2 f.

Tous ces Chansonniers réunis forment le Recueil complet de toutes les chansons d'Emile Debraux.

Le succès continuel qu'ont obtenu ces chansons, par leur popularité, nous dispense d'en parler.

Odryana, ou la Boîte au gros Sel, Recueil complet de calambourgs, bons mots, saillies, ré-bus, coq-à-l'âne, etc., de M. *Odry*, artiste du

théâtre des Variétés. Un vol. in-18, avec une
gravure représentant Odry, dans la pièce des
Deux Jokos ; prix . . . . . . 2 f.

Grande Biographie dramatique, ou Silhouette
des acteurs, actrices, danseurs et danseuses de
Paris et des départemens, suivie de leurs adresses et ornée du portrait de Philippe. Un vol.
in-18 ; prix . . . . . . 2 f. 50 c.

Cet ouvrage contient des aventures très-cu-
rieuses arrivées à plusieurs actrices et est recherché
par les personnes qui désirent connaître la vérité
sur chacune d'elles.

*Promenade philosophique et sentimentale au
cimetière du Père-Lachaise ; par Chenechot.*
Un volume in-18, avec gravure ; prix . 2 f.

Manuel complet de la Toilette, ou l'Art de s'ha-
biller avec élégance, et Méthode contenant
l'Art de mettre sa Cravate, démontré en 30
leçons, avec une planche représentant les diverses manières de faire les nœuds de la cravate ;
par M. et Mme. *Stóp*, orné de leurs portraits.
Un volume in-18 ; prix. . . . . . 2 f.

Manuel de l'Amateur d'huîtres, contenant
l'art de les pêcher, de les parquer, de les faire
verdir, de les préserver des maladies qui peuvent les attaquer, de les conserver fraîches
pendant long-tems, de reconnaître celles qui
sont dans cet état et de les ouvrir avec facilité ;
avec des détails sur les qualités alimentaires et
propriétés médicales de ce mollusque, suivi de
l'adresse des écailleurs dans les divers quartiers
de Paris ; par M. *Leclerc*, docteur-médecin,

naturaliste. Un volume in–18, avec une gravure; prix . . . . 1 f. 5o c.

Du même auteur : *Manuel de l'Amateur de*
café, ou l'Art de cultiver le caféyer, de le
multiplier, d'en récolter le fruit et d'en préparer agréablement et économiquement la bois-
son, par tous les procédés, tant anciens que
nouveaux. Un vol. in–18, orné d'une gravure;
prix. . . . . 1 f. 5o c

L'Art de n'être jamais tué ni blessé en duel,
sans avoir pris aucune leçon d'armes et lorsque
l'on aura affaire au premier tireur de l'univers,
enseigné en dix leçons ; par un Grognard.
Un vol. in–18, avec gravure; prix. . 2f. 5o c.

L'Art de rendre les Femmes fidèles et de ne
pas être trompé par elles, enseigné en 5 leçons,
à l'usage des maris et des amans; par *Lami*.
Un volume in–18; orné d'une gravure ; pr. 2f.

L'Art de se faire aimer de son mari ; par Mme
la vicomtesse de *G*****. Un vol. in–18, orné
d'une gravure; prix. . . . . 1 f. 5o c.

L'Art de se faire aimer de sa femme; par le
comte *Adrien de B****. Un v. in–18 ; 1 f. 25 c.

L'Art de réussir en amour, enseigné en vingt-
cinq leçons, ou nouveaux Secrets de triompher
des femmes et de les fixer. Un volume in–18,
avec deux gravures ; prix. . . . . 2 f.

Manuel du jeune homme et de la jeune demoi-
selle à marier, ou le Conjugalisme, leur indiquant ce qu'ils doivent savoir avant le mariage,

la manière de prendre secrètement les rensei-
gnemens sur les familles dans lesquelles ils
veulent entrer, suivi d'une dissertation sur les
diverses manières de célébrer les mariages dans
tous les pays du monde; par *Lami.* Un volume
in–18, avec gravure; prix . . 2 f. 50 c.

Grammaire allemande, pour les allemands; par
Meidinger. Un volume in–8°., prix. . 5 f.

Idem, à l'usage des français; prix. . . 5 f.

Fables de Lessing, en allemand; prix 1 f. 50 c.

Le Tableau de l'Amour conjugal. 4 v. in-18; 5 f.

Biographie des Nymphes du Palais-Royal.
Un volume in–18, avec leurs adresses, orné
d'une gravure; prix . . . . . . 3 f.

Le Palais-Royal, ou les Filles en bonne for-
tune, coup-d'œil sur le Palais-Royal en général, les filles publiques, les mères abbesses, les
marchandes de modes, les maisons de jeux, etc.
4e. édition. Un v. in–18, avec grav.; 1 f. 50 c.

Le grand et nouveau Catéchisme poissard, ou
Vadé ressuscité. Un v. in-12, avec grav. 2 f. 50 c.

L'Ane, le Curé et les Notables de Vanvre;
par *Rigolet de Juvigny.* Un volume in–18,
avec gravure; prix . . . . . 2 f. 50 c.

OUVRAGES IN-32.

Dénonciation des crimes et attentats des Jé-
suites, dans tous les pays du monde; par
Listhme. Un volume ; prix . . . . . 1 f.

OEuvres de Grecourt. Un volume ; pr. 75 cent.

Nouvelle Traite des Blancs . . . 50 cent.

Le Régulateur des Montres et Horloges; par
Teyssèdre. Un volume; prix . . 50 cent.

METZ—IMPRIMERIE D'E. HADAMARD

www.ingramcontent.com/pod-product-compliance
Lightning Source LLC
Chambersburg PA
CBHW050616210326
41521CB00008B/1282